我和世界

用 大 数 据 带 孩 子 秒 懂 世 界

大数据实践手册

U0038957

北京科学技术出版社

嗨，亲爱的小朋友，相信你一定听大人们说过，我们将进入人工智能的时代，那你知道人工智能的核心是什么吗？那就是大数据！在未来，拥有大数据思维的孩子将具备最强的"战斗力"。你也一定想拥有这种"战斗力"吧！那恭喜你发现了这本"宝藏书"，它会让你爱上用大数据思考和表达！

你了解大数据吗？

1. 什么是大数据？

你可以想象有一个玩具箱，里面装满了乐高积木块。

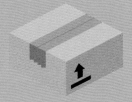

你如果想用里面的积木块拼一架飞机，是不是很快就可以搞定？

但如果玩具箱里面装的不仅仅有积木，还有玩具枪、布娃娃、玻璃球等各种各样的东西，而且玩具箱变得越来越大，比房子还大，甚至比大海还大，那么这时候找到拼飞机所需的积木块就如同大海捞针一样困难！但这么大的箱子里面的东西也足够丰富，丰富到你可以找到任何你想要的东西！

　　海量的东西就是大数据，其中有你需要的，也有你不需要的，你可以从中搜集和整理出你想要的各种数据和信息！

2. 大数据很酷!

你知道吗?世界正在发生数据革命,在未来,最重要的"能源"就是数据!

美国前总统奥巴马被誉为"大数据总统",他就很擅长用大数据。当年竞选总统时,他就是通过大数据分析做出各项精准决策,才顺利当选美国总统的。

大数据不仅可以帮我们做决策,还可以帮我们预测未来。

今年暑假,你会和家人坐飞机旅行吗?你想不想知道什么时候买机票最划算?通过研究大数据,你就能预测未来机票价格的变动情况!如果旅行时打算去游乐园,你想不想知道几点入园不用排队?研究一下大数据,你就能知道最合适的时间,这是不是很酷?

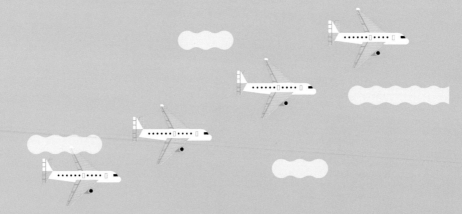

本书选择了游乐园、宠物、节日、美食、家庭作业等 27 个贴合儿童生活的主题，用大数据思维带大家重新看待这个精彩的世界。

　　在研究世界人口时，小女孩露西娅先查了自己国家的人口数量，然后做了世界男女比例、各国人口规模、各大洲人口比例、世界未来人口总数预测这几个方面的调研。在这个过程中，露西娅收集数据、整理数据、分析数据、展示成果，俨然成了一位小小的数据科学家。

　　通过跟露西娅一起用大数据思维看世界，你会发现自己的思维能力、实践能力、统计能力和表达能力都有了很大的提高！

3. 怎么获取大数据呢？

① 国内外权威机构
② 国内外专业数据网站
③ 文献资料
④ 实际调查

① 国内外权威机构

围绕某个主题开展调查时，建议大家先去查找相关领域权威机构的数据。

露西娅查找宠物的相关数据时，找的是世界犬业联盟；查找世界人口的数据时，想到的是联合国经济和社会事务部；调查各国气候时，引用的数据来自世界气象组织……

本书用过的一些权威机构，你也可能会用到哦！

世界犬业联盟

联合国经济和社会事务部

世界气象组织

经济合作与发展组织

世界旅游组织

联合国教科文组织

② 国内外专业数据网站

 世界银行数据　https://data.worldbank.org.cn/

通过这个网站，你可以免费获取世界各国的一些数据。露西娅通过它查询了世界儿童入学年龄比例和世界各国年降水量等信息。

 国家数据　http://data.stats.gov.cn/

它是我国国家统计局开设的网站，会公布我国各个领域的大数据，具有非常高的权威性。

当然，你也可以浏览一些大数据导航网站，它们会汇总各个行业的数据网站，用起来很方便！

③ 文献资料

　　如果让你介绍苏轼，你会从哪个角度切入？北京市清华附小的小学生们通过文献大数据，写了这篇名为《大数据分析帮你进一步认识苏轼》的报告。

　　通过查阅文献资料，他们分析了苏轼的作品数量、创作密度和作品高频词，得出苏轼的诗词创作与他跌宕起伏的一生具有紧密联系的结论。

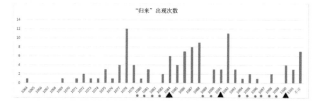

这是苏轼一生中"归来"在诗中出现的次数分布图：

　　我们查找了苏轼三次被谪的经历，即第一次（1080-1084），因为"乌台诗案"遭到新党诬陷，被谪黄州。第二次（1089-1091），因为不同意司马光尽废新法，被谪杭州、颍州。第三次（1094-1101），因为与章惇政见不合，被谪惠州、儋州。把这些时间节点都标注到图中，其中蓝色点的区域是被谪的时间，红色的三角是每次被谪结束的年份。

　　我们发现，每次被谪结束之后，苏轼诗中的"归来"出现的次数都会有所增加，苏轼这些"归来"诗，与他跌宕起伏的一生似乎存在着联系，他一直满怀忧国之情，总能将这些归去归来的经历，化作美好的文学意境。

出处：清华附小 2012 级 4 班公众号

④ 实际调查

　　想要解决身边的问题，实际调查出的数据往往最有帮助！

　　为了帮学校解决周边交通拥堵的问题，佛山市灯湖小学的四名小学生在父母的带领下，使用手持统计仪器，在学校周边的路口以每十分钟为一个时间段统计车流量。最终通过大数据调查，他们向学校提交了"大数据疏堵图"，切切实实地帮学校缓解了周边的拥堵压力。

　　大数据调查还有很多其他方法，比如进行问卷调查、浏览社群网站等。只要有心，处处都有大数据！

4. 大数据有哪些呈现方法呢?

① 图解
② 地图
③ 统计图
④ 表格

　　数据本身是枯燥的。怎么把枯燥、冰冷的数据用有趣而直观的方式呈现出来呢? 露西娅使用了信息图,使数据实现了可视化表达。

　　国际顶级信息图设计师——木村博之将信息图分为图解、地图、统计图、表格、图表和图形符号等六大类,露西娅主要用了其中的四类。

　　和露西娅一起用信息图玩转大数据吧!

① 图解

　　这是露西娅最喜欢的一类信息图，因为它是最形象生动的。用一张图片呈现信息比用一大段文字描述信息有趣多了！

　　介绍世界各地传统民居时，露西娅就用图解使各地民居的特色一目了然！

② 世界各地的传统民居

② 地图

　　需要呈现全世界范围内的数据时，露西娅最喜欢用地图，因为地图具有空间感，有一种世界就在眼前的即视感。

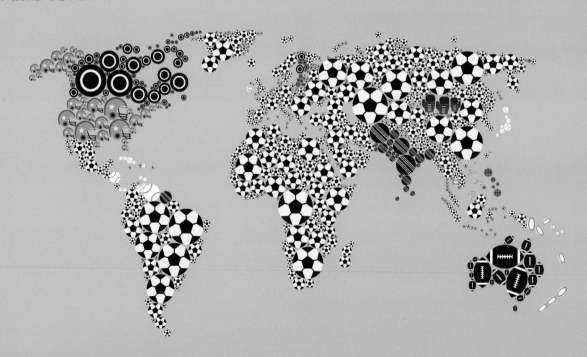

③ 统计图

统计图包括折线图、条形图、环状图、气泡图等，每种都有各自的优势。恰当的统计图会让数据更加清晰易懂。

为了表现某一时期妇女平均生育子女数的变化，露西娅选用了折线图。

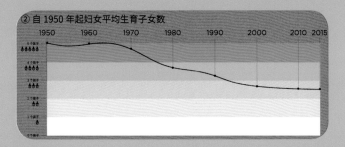

② 自 1950 年起妇女平均生育子女数

为了直观地比较各国学生每周写作业所用的时间，露西娅使用了条形图。

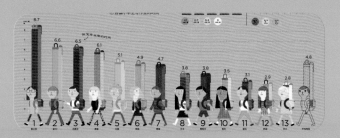

直观表示从事不同职业的人所占的比例，露西娅选用了环状图

让各国的年降水量一目了然，露西娅使用了气泡图。

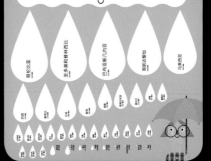

事实上，除了上面提到的这些统计图，你还可以根据自己的想法，自由组合出更酷炫的统计图！例如，百分比堆积条形图既可以将数据进行对比，又可以展示各组数据在总量中所占的比例。

北美洲	南美洲	欧洲	非洲	亚洲	大洋洲
7.7%	5.7%	9.6%	16.6%	59.9%	0.5%

气泡地图既可以将数据进行对比，又可以展示不同区域的数据。

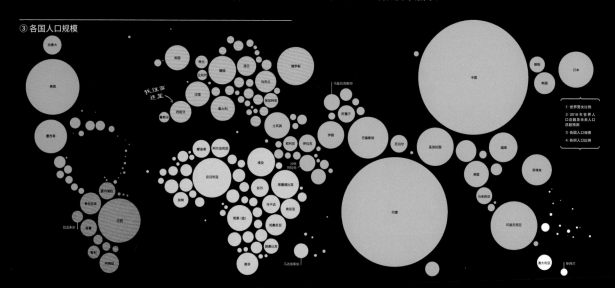

③ 各国人口规模

④ 表格

　　拥有纵轴和横轴的表格常用于呈现二维数据，如果再叠加其他种类的信息图，如气泡图，就可以呈现三维数据。

　　调查各国每个月的出生人数时，露西娅用表格叠加了气泡图，同时呈现了国家、月份和人口数量这三个纬度的数据。

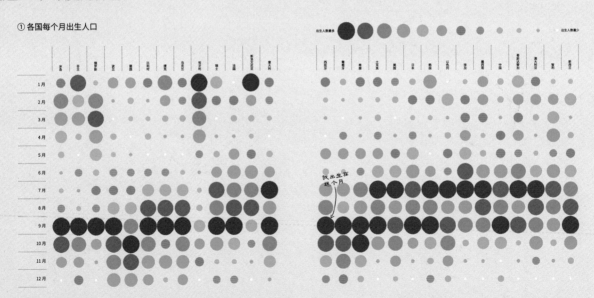

① 各国每个月出生人口

5. 大数据在生活中有什么用？

① 当大数据遇上小区车辆
② 当大数据遇上压岁钱

　　古希腊数学家、哲学家毕达哥拉斯说过，数是万物的本质。通过分析大数据，我们可以看透世界上各种现象的本质，也可以在面临多种选择时做出明智的决定。

① 当大数据遇上小区车辆

　　和很多同龄小孩一样，8 岁的小智酷爱各种汽车，每次和爸爸在小区散步时，总有问不完的问题，也总有层出不穷的新发现。

　　"爸爸，这是哪个牌子的车？"

　　"爸爸，哪个牌子的车最受欢迎？"

　　……

作为数据科学家的爸爸不想凭经验敷衍地回答小智的各种问题，他决定带小智进行一次小区车辆的大数据调研，用数据来回答！

爸爸先带小智上网查找了各种常见的汽车品牌，并按照它们所属的国家进行了划分，用图解的方式解答了小智的第一个问题。

中国
比亚迪　哈弗　吉利　江淮
一汽　长城

美国
别克　福特　吉普　凯迪拉克
林肯　特斯拉

日本
本田　丰田　雷克萨斯　铃木
马自达　日产　斯巴鲁

德国
奥迪　宝马　保时捷　奔驰　大众

法国
标致　谛艾仕　雪铁龙　雷诺

英国
阿斯顿·马丁　宝马 Mini　宾利　劳斯莱斯　路虎

韩国
起亚　现代

意大利
法拉利　菲亚特　玛莎拉蒂　兰博基尼

针对小智的第二个问题，爸爸决定带小智实地收集数据。于是，他们记录了小区中最常出现的汽车品牌的数量，得到了以下表格。

品牌	大众	丰田	奥迪	宝马	奔驰	本田	现代	哈弗
数量	38	31	28	25	20	16	10	5

为了让数据对比更直观，爸爸指导小智制作了条形图。

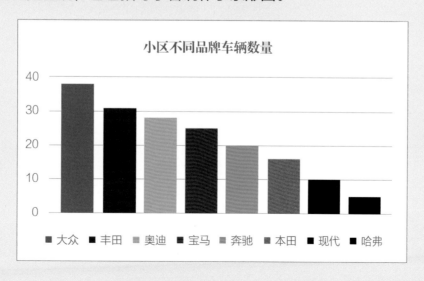

看着自己亲自调研的数据变成清晰的统计图，小智很兴奋。不过，他又提出了更多的问题。

"爸爸，为什么我们小区这么多人买大众车？"

"爸爸，妈妈说今年我们家也要买车，那我们买哪个牌子的车好呢？"

……

爸爸很欣慰，因为小智没有满足于得到的数据，还想深入探究数据产生的原因。更厉害的是，小智还想用大数据帮助自己做选择，这才是搜集大数据的真正意义！

爸爸说："那我们需要展开更深入的数据调查，先查一下大众车的优势，比如价格优势、性能优势、外观优势……再根据我们家的实际情况，选择适合我们的车。"

小智对下一次大数据调查充满了期待！

② 当大数据遇上压岁钱

每年过年你都会收到压岁钱吧？你想不想知道各省小朋友会收到多少压岁钱，他们是怎么花压岁钱的呢？如果让你用压岁钱理财，你会买什么产品呢？当你不知道怎么选择时，大数据永远是你最好的老师！

下面这张思维导图提供了三个调研示例，你也可以从其他感兴趣的角度进行调研。这肯定很有趣！

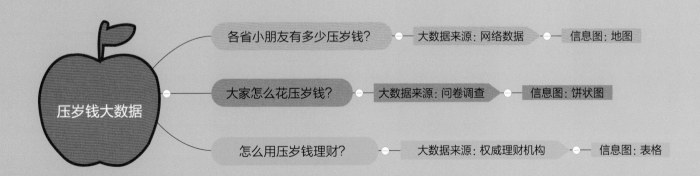

译成 13 种语言，全世界孩子都好奇的现象级童书

法语

波兰语

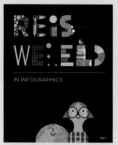

荷兰语

加泰罗尼亚语

葡萄牙语

西班牙语

意大利语

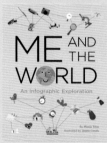

英语

从 27 个方面呈现世界，拓展孩子的世界观和大局观

世界各地的风俗文化

世界各地的人文知识

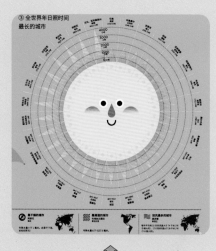

世界各地的地理知识

业界大咖寄语

这本书构思巧妙，让复杂抽象的大数据变得如此生动有趣。它为孩子提供了探索世界的全新方式。作为父亲，我将收藏这本书，并通过它带领孩子开启对各国文化的探索之旅，让他更好地了解这个未来将由他去开创的世界。这段亲子共读时光一定是非常美妙的体验！

——西班牙驻华大使馆参赞 Eduardo Escribano 先生

大数据思维要求一切以数据说话。数据科学是一门综合自然科学和社会科学的新兴科学，是认识世界的新模式。本书从小朋友的生活出发，借鉴丰富的大数据可视化技术提炼出各种知识，让小朋友感受到大数据就在身边。

——百度大数据部专家 刘红星

数据是新的石油。

——亚马逊网站前首席科学家 Andreas Weigend

数据科学家 = 统计学家 + 程序员 + 讲故事的人 + 艺术家。

——美国伊利诺伊理工大学计算机科学系教授 Shlomo Aragmon